Die Rolle der elektrischen Energie beim Betrieb von Gebäuden. Betriebsrelevante Einsatzorte und Geräte

Timm Jens Rotermund

Bibliografische Information der Deutschen Nationalbibliothek:

Die Deutsche Nationalbibliothek verzeichnet diese Publikation in der Deutschen Nationalbibliografie; detaillierte bibliografische Daten sind im Internet über http://dnb.d-nb.de abrufbar.

ISBN: 9783346326621
Dieses Buch ist auch als E-Book erhältlich.

© GRIN Publishing GmbH
Nymphenburger Straße 86
80636 München

Alle Rechte vorbehalten

Druck und Bindung: Books on Demand GmbH, Norderstedt Germany
Gedruckt auf säurefreiem Papier aus verantwortungsvollen Quellen

Das vorliegende Werk wurde sorgfältig erarbeitet. Dennoch übernehmen Autoren und Verlag für die Richtigkeit von Angaben, Hinweisen, Links und Ratschlägen sowie eventuelle Druckfehler keine Haftung.

Das Buch bei GRIN: https://www.grin.com/document/976550

Fachbereich 3: Bauingenieurwesen und Wirtschaftsingenieurwesen Bau

Bachelorstudiengang: Wirtschaftsingenieurwesen Bau, 6. Semester

Facharbeit:

Die Rolle der elektrischen Energie

beim Betrieb von Gebäuden

Verfasst von:

Timm Jens Rotermund

Im Rahmen des Moduls: Energiesparendes Bauen

Detmold, Sommersemester 2020

Abkürzungsverzeichnis

DIN	Deutsches Institut für Normung e.V.
ebd.	Ebenda
GA	Gebäudeautomation
KG	Kostengruppe
o.ä.	oder ähnliches
vgl.	Vergleich, vergleiche
VDI	Verein Deutscher Ingenieure

Inhaltsverzeichnis

1. Einleitung in die Thematik

In der Europäischen Union entfallen etwa 40% des Energieverbrauches auf den Gebäudebestand. Etwa 85 Prozent davon fallen auf die Heizwärme und Wasserwasseraufbereitung und etwa 15 Prozent auf den Strom zurück. Gemeinsam entspricht das etwa ein Drittel alle CO_2-Emissionen.[1]

Zur heutigen Zeit sind Elektroinstallationen im Gebäude ein wesentlicher Grundbaustein, ohne den ein Betrieb unvorstellbar ist. Heute noch stellen sich nicht wenige Bauherren und Architekten unter Elektroinstallationen im Wesentlichen Steckdosen, Schalter und Leuchten, einen Sicherungskasten und einen Hausanschluss vor. Dies gehört zwar dazu, ist aber bei weitem noch nicht alles.[2] Die Elektrotechnik ist essentiell für den Betrieb von Gebäuden. Der heutige Stand der Technik und die stetig wachsenden Möglichkeiten bieten immer mehr Möglichkeiten die Gebäudetechnik weiterzuentwickeln. Einen bemerkenswerten Durchbruch brachte die Idee, die Energie- und Informationsversorgung physisch voneinander zu trennen. Im Vergleich zur vorherigen Installationsweise hat dies den Vorteil, dass sämtliche Ein- und Ausgabegeräte durch einen gezielten Informationsaustausch miteinander verbunden werden können.[3] Die Elektrotechnik spielt bei vielen Fragen der Gebäudetechnik eine wichtige Rolle, wie beispielsweise bei der Gebäudeautomation und bei regenerativen Energiesystemen, deren Planung teilweise direkt mit der Gebäudeplanung verbunden ist.[4]

In unserer modernen Industriegesellschaft werden immer mehr Abläufe und Prozesse automatisiert, auch in der Gebäudetechnik.[5] Eine zeitgemäße Elektroinstallation in Gebäuden jeglicher Art ist die Grundlage und Bestandteil der gesamten Technik im Gebäude, insbesondere aber der Gebäudeautomation, welche in den letzten Jahren große Fortschritte gemacht hat. Dies liegt einerseits den technischen Fortschritten als auch den steigenden Bedürfnissen nach Komfort, Sicherheit und Energieeffizienz und Kosteneinsparung zugrunde.[6]

Tabelle 1: Bedürfnisse des Anwenders mit Beispielen[7]

Komfortbedürfnisse:	<ul><li>Fernbedienung von Funktionen</li><li>Licht-, Jalousiesteuerung, …</li><li>intelligente Steuerungen</li><li>künstliche Intelligenzen aller Art</li><li>Automatismen</li><li>Temperaturreglung, Lichtsteuerung, …</li></ul>
Sicherheitsbedürfnisse:	<ul><li>Präsenz- und Bewegungsmelder</li><li>Einbruch-, Brand-, und Rauchmeldesysteme …</li><li>Windwächter</li><li>Maximumwächter</li></ul>
Energieeffizienz und Kosteneinspgarung:	<ul><li>Kontrollierte zeit-, helligkeits- und nutzerabhängige Überwachung von Prozessen</li></ul>

---

[1] Vgl. (Zeit Online)
[2] Vgl. (Baunetz Wissen)
[3] Vgl. (Kasikci, 2013) S. V
[4] (Kasikci, 2013) S. V
[5] Vgl. (Merz, Hansemann, & Hübner, 2016) S. 1
[6] Vgl. (Baunetz Wissen)
[7] Vgl. ebd.

Für den Menschen als Anwender ist mittlerweile eine Vielzahl an automatisierten Funktionen oder im Hintergrund laufenden Geräten beinahe unbemerkt eine Selbstverständlichkeit geworden.[8]

Betrachtet man beispielsweise die Heizungsanlagen. Sie sorgen im Hintergrund mithilfe von integrierten Regelungsfunktionen für einen funktionalen und effizienten Energieverbrauch. Hierin enthalten sind üblicherweise eine ausgeklügelte Brennersteuerung, Temperaturfühler oder Zeitschaltprogramme zur (Nacht-)Absenkung.[9]

Als ein weiteres Beispiel für den privaten Wohnungsbau lässt sich an dieser Stelle die (automatische) Lichtsteuerung aufführen. Nahezu jeder Haushalt verfügt über eine automatische Lichtsteuerung, welche die Außenbeleuchtung ein bzw. ausschaltet. Der Konsument quittiert das an- oder ausgehende Licht, doch im Hintergrund arbeitet eine Sensorik.[10] Die Wärmestrahlung des Menschen wird durch einen Sensor erfasst und mit Signalen eines Helligkeitssensors so kombiniert, dass sich das Licht nur bei Dunkelheit einschaltet.[11] Auch üblich und auch deutschlandweit verpflichtend[12] für privaten Wohnraum sind Rauchmelder, welche durch akustische Signale den Menschen im Brandfall o.ä. warnen sollen. An dieser Stelle ließen sich noch zahlreiche weitere Beispiele aufführen.

Anzumerken ist die Beziehung zwischen den Gewerken. Es besteht eine große Abhängigkeit von der Elektrotechnik im Gebäude. Viele der Gewerke im Gebäude könnten ohne die elektrische Energieversorgung gar nicht ihren Zweck erfüllen. Ein Licht, dass nicht leuchtet, die Heizung, die nicht warm wird, eine Lüftungsanlage, die keine Luft transportiert – diese und unzählbar viele weitere Funktionen im Gebäude wären nicht möglich. Das Zusammenwirken der Gewerke ist der Schlüssel zur einwandfreien Gebäudefunktionalität.

Im Rahmen der vorliegenden Facharbeit wird besonders auf die betriebsrelevanten Einsatzorte der elektrischen Energie, die betriebsrelevanten Geräte und Komponenten und Funktionsweisen eingegangen. Darüber hinaus wird auf die gebäude- und verbrauchsabhängige Leistungsaufnahme, die zeitliche Komponente sowie auf die Auslegungsparameter und Berechnungsweisen eingegangen.

2. Einsatzorte der elektrischen Energie im Gebäude

Durch die zum Teil ganz unterschiedlichen Anforderungen an die technische Gebäudeausrüstung und den dazugehörigen Elektroinstallationen lassen sich der Bedarf und die Einsatzorte der elektrischen Energie im Gebäude nicht verallgemeinert ausdrücken. Die technische Gebäudeausstattung ist in direkter Abhängigkeit von der Art des Gebäudes, den Nutzeranforderungen und dem technischen Detaillierungsgrad.

Unterschieden werden elektrische Anlagen gemäß KG 440, der VDI 3807 „Kosten im Bauwesen", zwischen den: Hoch- und Mittelspannungsanlagen, Eigenstromversorgungsanlagen, Niederspannungsschaltanlagen, Beleuchtungsanlagen, Blitzschutz- und Erdungsanlagen als auch den Fahrleitungssystemen und sonstigen Systemen.[13]

---

[8] Vgl. (Merz, Hansemann, & Hübner, 2016) S.3
[9] Vgl. ebd.
[10] Vgl. ebd.
[11] Ebd.
[12] Vgl. BauO NRW §49 Abs. 7
[13] Vgl. (Verein Deutscher Ingenieure, 2008, S. 45-46 Tab. 4)

Die VDI 3807 Blatt 4 hingegen kategorisiert die Einsatzorte bemessen an den unterschiedlichen Verwendungs-zwecken wie folgt:[14]

- **Beleuchtung**

    z.B. die Raum-, Arbeitsplatz-, Dekorations- und Akzent-, Sicherheits-, Außenbeleuchtung

- **Lüftung**

    z.B. für Zu- und Abluftventilatoren, Antriebe der Wärmerückgewinnung, Umwälzpumpen zur Wärmerück-gewinnung oder Lufterhitzer

- **Kühlkälte**

    z.B. für Kompressoren und sonstige Antriebe von Kältemaschinen, Ventilatoren und Umwälzpumpen für Kälteversorgung und Rückkühlsysteme

- **Betriebseinrichtungen**

    Hierzu gehören üblicherweise alle Geräte, die dem Betrieb der Räume dienen, in denen sie installiert sind, oder die diesen Räumen zugeordnet werden können, mit Ausnahme von den zuvor genannten Gewerken. Dazu zählen würde bspw.: der Personal-Computer, Bildschirm, Drucker, Haushaltsgeräte, Ladeeinrichtun-gen usw.

- **Zentrale Einrichtungen**

    z.B. die EDV-Anlage, Küche, Schwachstromanlagen, Werkstatteinrichtungen usw.

- **Diverse Technik**

    Dazu gehören: Aufzüge, Hilfsenergie Heizung (Pumpen, Brenner, Regelung) und Beleuchtung.

- **Elektrowärme**

    Elektrische Energie, welche für dezentrale Heizzwecke und dezentrale Brauchwarmwasserbereitung ver-wendet wird.

3. Elektroinstallationen im Gebäude

In der frühen Planungsphase von Gebäuden stehen der Bauherr und der Architekt vor der Entscheidung, wel-ches architektonische Konzept, welche Art und Qualität die Hülle und welche technische Ausstattung das Ge-bäude haben soll. Oftmals wird hierfür die Höhe der Baukosten als bestimmender Faktor herangezogen, während die laufenden Betriebskosten keine oder nur eine untergeordnete Rolle spielen.[15] Dem hinzu kommt, dass in den meisten Fällen nur wenige Informationen über das Verhalten der einzelnen technischen Lösungen während der Betriebsphase vorliegt. Unterschiedliche Investitionsentscheidungen verursachen unterschiedli-che Folgekosten, welche mit der energetischen Qualität des Gebäudes zusammenhängen, dies betrifft auch die Gebäudetechnik inklusive der Elektroinstallation. Bereits verhältnismäßig geringe Investitionen verursachen im Betrieb eine bemerkenswerte Wirkung.[16]

---

[14] Vgl. (Verein Deutscher Ingenieure, 2008, S. S. 5 Tab. 1)
[15] (Geissler, et al., 2010, S. 9)
[16] Vgl. ebd.

In dem nachfolgenden Kapitel wird auf zwei unterschiedliche Installationsarten eingegangen, wobei der Aufbau, die Funktion und Möglichkeiten als auch das Zusammenwirken erläutert werden.

3.1.   Konventionelle Elektroinstallationen

Die konventionelle Elektroinstallation umfasst die Einspeisung energetischer Quellen und Medien ins Gebäude, deren Organisation in einem Hausanschlussraum und Verteilung bis hin zum Verwendungsort in der Wohnung oder dem Gebäude.[17] Die Organisation kann sowohl unidirektional[18] als auch bidirektional[19] erfolgen. Als eine unidirektionale Organisation lässt sich eine Einspeisung von einer Versorgungseinrichtung ins Gebäude verstehen und als bidirektionale die eigenerzeugte Energie, beispielsweise durch Photovoltaik oder Windkraft oder die Kommunikation des Gebäudes über Internetanwendungen.[20]

Der Hausanschluss gilt als zentraler Punkt im Gebäude, in dem die Energie- und Medienquellen rangiert werden. Zu den Energiequellen zählen der elektrische Anschluss, der Wasseranschluss, der Abwasseranschluss, der Gas- und Fernwärmeanschluss und zu den Medienquellen die Telefonanschlussleitung sowie der darauf aufgesetzte Internetanschluss und der Kabelanschluss für Radio und Fernsehen.[21]

Die elektrische Energieversorgung wird am Hausanschlusskasten über die Hauptsicherung in einen Zählerschrank geführt, in dem die vom Energieversorger entnommene Energie gemessen wird. Von dem Zählerschrank aus wird der Stromkreisverteiler eingespeist von dem aus unterverteilt wird. Eine Unterverteilung lässt sich als Stromkreisverteiler oder umgangssprachlich als Sicherungskasten verstehen. Es ist der zentrale Punkt im Gebäude, von dem aus die vom Energieversorger bereitgestellte Energie auf die einzelnen Räume und damit Stromkreise für elektrische Verbraucher verteilt wird. Ein Stromkreisverteiler besteht im Wesentlichen aus einer Vielzahl von Leitungsschutzschaltern (in Abhängigkeit von der Anzahl der Stromkreise), über die die Absicherung der einzelnen Stromkreise erfolgt und eine Schaltmöglichkeit des Stromkreistet besteht. Der Stromkreisverteiler ist der erste zentrale Punkt im Gebäude, welcher maßgebend für die einzelnen Stromkreise ist und entscheidet, ob und in welchem Ausmaß im Weiteren eine Gebäudeautomation implementiert oder vorbereitet wird. Bei der klassischen Elektroinstallation werden die einzelnen Stromschaltkreise, sprich Licht und Steckdosen, meist auf einen Stromschutzschalter gelegt, oder in einen nächsten Unterverteiler weiterleitet. In der Regel werden dabei einzelne Stromkreise für getrennte Räume, bemessen an der Leistungsaufnahme oder dem Absicherungsanspruch geschaltet. [22]

Je größer der Stromkreis ist und je mehr Entnahmestellen in einem Stromkreis liegen, umso schwerer wird eine mögliche Nachrüstung der Gebäudeautomation. Neubauer, welche nicht von vornherein eine Gebäudeautomation einbauen, wird geraten, möglichst viele Stromkreise anzulegen, um die späterem Schalt- und Messmöglichkeiten zentral zu ermöglichen.[23]

---

[17] (Aschendorf, 2013, S. 60)
[18] Unidirektional: Übertragung in eine Richtung
[19] Bidirektional: Übertragung in beide Richtungen
[20] Vgl. (Aschendorf, 2013, S. 60)
[21] (Aschendorf, 2013, S. 61)
[22] Vgl. (Aschendorf, 2013, S. 62)
[23] Vgl. (Aschendorf, 2013, S. 62)

Die Hauptaufgabe konventioneller Elektroinstallationen im Gebäude ist es, die benötigte elektrische Energie mit Hilfe von einen oder mehreren Leitungssystemen an eine beliebte Stelle im Gebäude, zum Verbraucher zu transportieren. Schalter, Steckdosen, Strom- und Lichtanschlüsse sind die wesentlichen Endeinrichtungen, an denen der Gebäudenutzer Energie abnimmt und schaltet.[24] Klassische Elektroinstallationen dienen nicht bloß der Energieversorgung des Verbrauchers, sondern auch als Steuerung von Vorgängen im Gebäude. Bereits eine klassische Elektroinstallation lässt sich als eine Steuerung verstehen, sofern sie schaltbar ist. Eine Steuerung von Vorgängen im Gebäude ist hier auf das Bedienen einfacher Schalter (Ein- und Ausschalten) beschränkt. Eine entscheidende Innovation sind Bussysteme, bei welchen die Energie und Information über getrennte Leitungen transportiert wird. Dadurch entsteht ein komplexes System, was die Automation eines Gebäudes ermöglicht.[25]

3.2.   Gebäudeautomation

3.2.1.   Aufbau und Funktionsweise

Unter dem Begriff Gebäudeautomation ist die Gesamtheit von Einrichtungen zur selbsttätigen Steuerung, Regelung und Überwachung von komplexen gebäudetechnischen Anlagen sowie zur Erfassung von Betriebsdaten zusammengefasst. Darunter fällt die Organisation von Heizung, Klima und Lüftung sowie Beleuchtung und Beschattung. Als wichtiger Bestandteil des Facility Managements hat die Gebäudeautomation das Ziel, Energiekosten und Betriebskosten einzusparen, Funktionsabläufe gewerkeübergreifend automatisch und nach vorgegebenen Parametern durchzuführen, sowie deren Bedienung bzw. Überwachung zu vereinfachen.[26]
Mit der Gebäudeautomation können unterschiedliche Ziele verfolgt und vereint werden, mögliche Zielsetzungen beim Einsatz der Gebäudeautomation sind z.B.:[27]

- Betriebssicherheit/ Versorgungssicherheit
- Komfort
- Energieeinsparung/Energieeffizienz
- Monitoring
- Barrierefreiheit.

Um die Zielsetzungen zu erfüllen, werden sämtliche Sensoren, Aktoren, Bedienelemente, Verbraucher und andere technische Einheiten im Gebäude miteinander vernetzt.[28] Zur technischen Realisierung der Gebäudeautomation werden GA-Funktionen des GA-Systems über eine Software hergestellt, welche entweder an einen Prozess angepasst (parametriert) oder individuell für den Prozess hergestellt (programmiert) werden. Über ein eigenes GA-System-Netzwerk finden die Kommunikation und der Datenaustausch zwischen den Geräten statt. Zum GA-System wird es in der Regel Schnittstellen geben, über die eine Kommunikation zwischen Menschen, als Beobachter und Bedienender und dem GA-System stattfindet. Um eine vollständige Funktionalität

---

[24] Ebd. (Aschendorf, 2013, S. 64)
[25] Vgl. (Baunetz Wissen)
[26] (Gesellschaft für Regelungstechnik und Energieeinsparung mbH)
[27] (Verein Deutscher Ingenieure, 2019, S. 11)
[28] (Gesellschaft für Regelungstechnik und Energieeinsparung mbH)

sicherzustellen, müssen die Anlagen- und die Raumautomation mit Management- und Bedieneinrichtungen abgestimmt zusammenwirken.[29]

Die Gebäudeautomation wurde in dem Jahr 1993 als offizielles Gewerk (Kostengruppe 480[30]) im Bauwesen eingeführt und ist in drei Ebenen unterteilt:

- die Feldebene (Sensoren und Aktoren)
- die Automationsebene
- die Managementebene.

Ergänzend zu den genannten Ebenen ließe sich an dieser Stelle noch die Energieebene aufführen, welche im Zuge der Digitalisierung, Internet of Things, Building Information Modeling, sowie der Industrie 4.0 nicht mehr wegzudenken ist.[31] Der Aufbau einer Gebäudeautomation ist ohne die Grundzüge einer konventionellen Elektroinstallation nicht möglich und dient ergänzend.

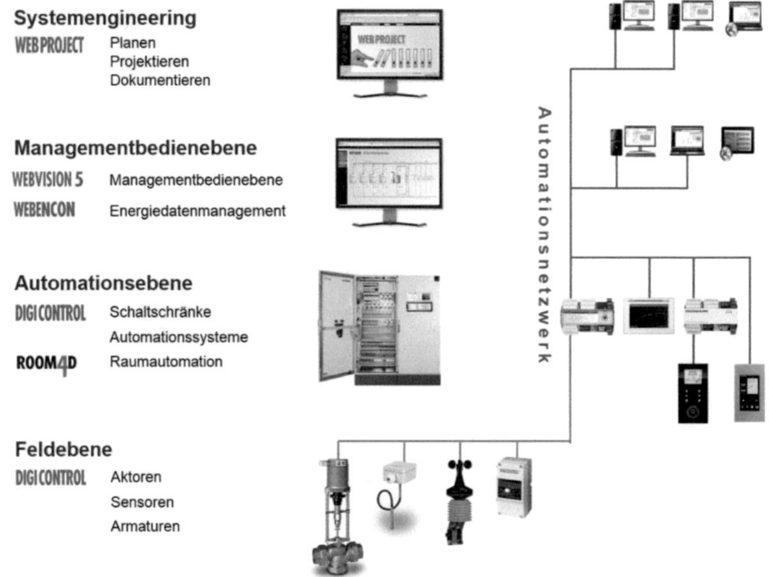

Abbildung 1: *Aufbau einer klassischen Gebäudeautomation, am Beispiel der Gesellschaft für Regelungstechnik und Energieeinsparung mbH[32]*

3.2.2. Einsatzorte und Funktionen der Gebäudeautomation

Mithilfe der Gebäudeautomation lässt sich eine gewerkeübergreifende Vielzahl der technischen Gebäudeausrüstung und Systeme, welche zum Betrieb notwendig ist, durch Gebäudeautomationssysteme steuern, regeln

---

[29] Vgl. (Verein Deutscher Ingenieure, 2019, S. 11-12)
[30] (Deutsches Institut für Normung e. V., 2018, S. 26-27)
[31] Vgl. (Gesellschaft für Regelungstechnik und Energieeinsparung mbH)
[32] Ebd.

und einbinden. Dazu gehören insbesondere die Energiezentrale und Wärmeerzeuger, Heizung, Kühlung, Lüftung, Klima, Warmwasser, Sanitär, Elektrotechnik, Beleuchtung und Beschattung/Jalousie, Energiedatenerfassung, Brandmeldeanlage, Überfallmeldeanlage, Zutritts- und Videoüberwachung, Netzwerktechnik, Multimedia, Kommunikationssysteme, Netzwerktechnik, Wartungs- und Instandhaltungsmanagement, Abrechnungssysteme sowie das Facility Management.[33] Festzuhalten ist, dass sich nahezu jedes erdenkliche Gerät oder System, welches über eine Kommunikationsschnittstelle verfügt, integrieren lässt und das von der Feldebene über die Automations- und Managementbedienebene bis zur Augmented Reality.[34]

Der Grad der Automatisierung (Automatisierungsgrad) ist sowohl von den Nutzeranforderungen als auch von dem Kosten-Nutzen-Verhältnis und der technischen Realisierung abhängig.

3.2.3. Klassifizierung und Einsparpotentiale

Um eindeutige Bezüge zur Art und dem Umfang der Gebäudeautomationsfunktionen zu schaffen, definiert die europäische Norm DIN EN 15232 [3] GA-Effizienzklassen. Die Norm sieht für eine Kategorisierung der Funktionen vier GA-Effizienzklassen vor:

GA-Effizienzklasse D:	nicht energieeffiziente GA-Systeme
GA-Effizienzklasse C:	Standard- GA-Systeme
GA-Effizienzklasse B:	weiterentwickelte GA-Systeme und Energiemanagement
GA-Effizienzklasse A:	hoch energieeffiziente GA-Systeme und Energiemanagement

Die Hochschule Biberach führte in einem Betrachtungszeitraum von zwei Jahren ein Projekt durch, bei der die Energieeffizienz durch Gebäudeautomation mit Bezug zur DIN V 18599 und DIN EN 15232 ausgewertet wurde. Dabei wurden vergleichbare Räume in einem Bürogebäude mit Funktionen, unterschiedlicher GA-Effizienzklassen (GA-Effizienzklasse A-C) ausgestattet, betrieben und ausgewertet. Die Erkenntnis daraus ist, dass ein vollautomatisiertes GA-System (GA-Effizienzklasse A) gegenüber einem wenig automatisierten GA-System (GA-Effizienzklasse C) bis zu 35% des elektrischen Energieverbrauches[35] und bis zu 70% des Heizenergieverbrauchs[36] einsparen kann. Schlussfolgerung der Praxisstudie ist, dass ein vollautomatisiertes Gebäude gegenüber einem konventionellen Gebäude bis zu 49% der Gesamtenergie spart.[37]

Es handelt sich hierbei jedoch bloß um grobe Richtwerte, die Einsparungen variieren je nach Projekt und Gebäude, denn die Gebäudeautomation ist eine Querschnittstechnologie, die alle energieintensiven Anlagen im Gebäude miteinander vernetzt. Durch die Vielzahl der Systeme und Stellschrauben, die unterschiedliche Bauphysik und das unterschiedliche Nutzerverhalten, welche Einfluss auf den Energie- und Ressourcenverbrauch haben, lassen sich nur Richtwerte festhalten.[38]

---

[33] Vgl. (Gesellschaft für Regelungstechnik und Energieeinsparung mbH)
[34] Vgl. (g+h: Gebäude und Handwerk , 2018)
[35] Vgl. (Hochschule Biberach (HBC), 2011, S. 7)
[36] Vgl. (Hochschule Biberach (HBC), 2011, S. 9)
[37] Vgl. (Hochschule Biberach (HBC), 2011) & (Kieback & Peter)
[38] Vgl. (Kieback & Peter)

4. Kostenbetrachtung der Elektroinstallationen

Aufgrund des technischen Fortschritts im Bereich der Gebäudesystemtechnik hat sich die Elektroinstallation in den letzten Jahren stark verändert und somit lassen sich die Kosten nicht ohne weiteres pauschal benennen. Die Elektroinstallation ist von einer Vielzahl von Faktoren abhängig, unter anderen von der Anzahl der Einsatzorte, Qualität und dem Modernisierungs- und Automatisierungsgrad. Von entscheidender Bedeutung für die Kosten ist die Installationsart und somit auch die Art der Verkabelung, ob klassisch oder für moderne Bussysteme geeignet.

Kostenschätzungen beziehen sich auf die Gebäudeerstellungskosten, sprich den Kosten, welche für den Neubau anfallen oder auf die Anzahl der Quadratmeter.[39] Für eine klassische Elektroinstallation mit der benötigten Grundausstattung, wie dem Hausanschluss, Verkabelung, Schalter, Beleuchtung, existiert eine relativ einfache Kalkulationsregel, mit der die Kosten gut abgeschätzt werden können. Dafür müssen etwa drei bis fünf Prozent der Gebäudeerstellungskosten angesetzt werden.

Kostet ein Neubau beispielsweise 250.000€, so liegen die Kosten der Elektroinstallation im Bereich zwischen 7.500 und 12.500€. Eine weitere Methode der Kostenschätzung ist das Verfahren anhand der Quadratmeter. Hierbei wird ein Preis zwischen 75 und 90 Euro je m^2 für ein durchschnittliches Einfamilienhaus angesetzt. Bei einem 150m^2 großen Einfamilienhaus sind also mit Kosten im Bereich zwischen 11.250 und 13.500 Euro zu rechnen. Die Kostenschätzung nach Gebäudeerrichtungskosten und Quadratmeter ist miteinander vergleichbar.[40]

Bei den zuvor aufgeführten Rechenbeispielen ist keine Gebäudeautomation enthalten. Für eine Gebäudeautomation sind zusätzlich etwa 1,0 bis 1,5% der Gebäudeerstellungskosten anzunehmen. Die Gebäudeautomation ist in der Bauphase zwar ein ergänzender Kostenpunkt dar, jedoch amortisieren sich diese Kosten recht schnell, wie das nachfolgende Beispiel zeigt.[41]

Beispiel anhand eines Bürokomplexes mit € 50 Mio. Gebäudeerstellungskosten[42]

- Aufwand für GA: ca. 1,0-1,5% der GEK
- Betriebskosten eines Gebäudes ohne GA: ca. 2-4% der GEK
- Einsparpotential durch GA: ca. 10% der Betriebskosten, d.h. ca. 0,2-0,4% der GEK

---

[39] Vgl. (Elektrohandel Wandelt GmbH)
[40] Vgl. Ebd. & (Der Bauprofessor) & (Hausjournal)
[41] Vgl. (Merz, Hansemann, & Hübner, 2016, S. 35)
[42] Ebd.

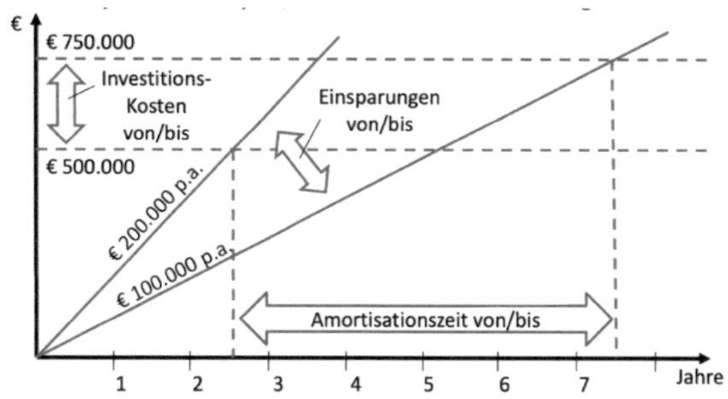

Abbildung 2: *Amortisationszeit der Gebäudeautomation[43]*

Berechnung:

$$Investitionskosten\ (von) = 0{,}01 * 50.000.000€ = 500.000€$$

$$Investitionskosten\ (bis) = 0{,}015 * 50.000.000€ = 750.000€$$

$$Einsparpotential\ (von) = \frac{0{,}004}{Jahr} * 50.000.000€ = \frac{200.000€}{Jahr}$$

$$Einsparpotential\ (bis) = \frac{0{,}002}{Jahr} * 50.000.000€ = \frac{100.000€}{Jahr}$$

$$Amortisationszeit\ (von) = \frac{500.000€}{200.000€/Jahr} = 2{,}5\ Jahre$$

$$Amortisationszeit\ (bis) = \frac{750.000€}{100.000€/Jahr} = 7{,}5\ Jahre$$

5. Leistungsbedarf und Anschlussleistung

Mit Hilfe von spezifischen Kennwerten für den elektrischen Leistungsbedarf können Bauherren, Fachplaner und Betreiber die elektrische Anschlussleistung von Gebäuden und Liegenschaften bereits in frühen Planungsphasen mit einem verhältnismäßig geringen Aufwand abschätzen. Die Anschlussleistung bzw. der Anschlusswert eines Gebäudes, ist die maximale elektrische Leistung, die im Betrieb dem Stromnetz entnommen werden kann. Die Kennwerte Leistungsbedarf und Anschlussleistung unterstützen in der Vor- und Entwurfsphase das Erarbeiten eines Planungskonzeptes, eines Variantenvergleichs zur Art der elektrischen Einspeisung sowie des elektronischen Versorgungskonzepts (Netzanschluss). Sie ermöglichen die Voranfragen beim Netzbetreiber (Bedarfsanmeldung), die Vorauswahl der Art der Messung, die Einschätzung des Flächenbedarfs für Elektro-Hausanschluss/ Technikräume sowie das bemessen von den zu verwendenden Komponenten. Die Anschlussleistung der Liegenschaft, Gebäude, technischen Anlagen und Betriebsmittel muss frühzeitig, sachgerecht und verantwortungsvoll über alle Netzarten (Normalnetz, Ersatznetz, Sondernetz) ermittelt werden. Unzureichende Berechnungen des Leistungsbedarfs können dazu führen, dass elektrische Versorgungsanlagen unwirtschaftlich

---

[43] (Merz, Hansemann, & Hübner, 2016, S. 35)

geplant und ausgeführt werden, höhere Investitions- und Verbrauchskosten auftreten oder die Verfügbarkeit der Elektroenergie bzw. die Versorgungssicherheit nicht dem Bedarfsanforderungen entspricht.[44]

In allen Planungsphasen und im Betrieb dient der elektrische Leistungsbedarf der Plausibilitätskontrolle und dem Benchmarking. Insofern unterstützen sie das wirtschaftliche Planen, Bauen und Betreiben von Gebäuden.[45]

Berechnet wird die elektrische Anschlussleistung eines Gebäudes bzw. einer elektrischen Anlage errechnet sich aus der Summe der installierten Verbraucherleistungen, unter Berücksichtigung des Wirkleistungsfaktors cos φ, multipliziert mit dem Gleichzeitigkeitsfaktor (g=0...1). Der Gleichzeitigkeitsfaktor wird berücksichtigt, da in der Regel zu keinem Zeitpunkt alle Verbrauchsmittel eingeschaltet sind.[46]

6. Analyse und Bewertung des elektrischen Energieverbrauchs

Sowohl durch die Vielfältigkeit der Anwendungsmöglichkeiten, dem sehr unterschiedlichen Nutzungsverhalten der Anwender, als auch die baulichen und technischen Unterschiede, lässt sich der Verbrauch elektrischer Energie nicht hinreichend durch einen Kennwert beschreiben.[47] Dies gilt besonders für:

- Gebäude mit größeren Flächenanteilen mit maschineller Lüftung
- Gebäude mit größeren Flächenanteilen und Kühlung
- Gebäude mit EDV-Zentralen oder anderen verbrauchsbestimmenden, zentralen Einrichtungen
- Gebäude mit Tiefgaragen.[48]

Anhand der VDI 3807 Blatt 4 (August 2008) erhalten Anwender zum einen eine methodische Grundlage zur Analyse und Beurteilung des elektrischen Energieverbrauchs mithilfe von Teilkennwerten und zum anderen sind eine Vielzahl von Teilkennwerten angegeben, die zum Teil aus gemessenen Werten abgeleitet oder auch rechnerisch ermittelt wurden.[49]

Zielsetzung der Richtlinie ist es, die Struktur des Verbrauchs elektrischer Energie in bestehenden, insbesondere komplexen Gebäuden, zu verstehen und Einsparpotentiale elektrischer Energie zu erkennen und abzuschätzen. Hierfür werden individuelle Nutzungsmöglichkeiten sowie bauliche und technische Gegebenheiten berücksichtigt.[50] Bemessen am Aufwand und Ergebnis entspricht das Verfahren einer Grobanalyse. Es soll eine Hilfestellung bei der Frage gegeben werden, ob die Durchführung einer Feinanalyse oder eine Maßnahme-Vorplanung lohnend ist.[51]

---

[44] Vgl. (Bundesministerium des Innern, für Bau und Heimat, 2019, S. 4)
[45] Vgl. ebd.
[46] Vgl. ebd. S. 5
[47] Vgl. (Verein Deutscher Ingenieure, 2008; Verein Deutscher Ingenieure, 2019) S. 2-3
[48] Ebd. S. 3
[49] Vgl. ebd.
[50] Vgl. ebd.
[51] Vgl. ebd.

7. Abbildungsverzeichnis

8. Tabellenverzeichnis

9. Literaturverzeichnis

Aschendorf, B. (2013). *Energiemanagement durch Gebäudeautomation: Grundlagen, Technologien, Anwendungen.* Dortmund: Springer Vieweg.

Böker, A., Paerschke, H., & Boggasch, E. (2019). *Elektrotechnik für Gebäudetechnik und Maschinenbau (2. Auflage).* Steinfurt, München, Wolfenbüttel: Springer Vieweg.

Baunetz Wissen. (kein Datum). *Klassische Elektroinstallation und Installationsbus.* Abgerufen am 06 2020 von https://www.baunetzwissen.de/elektro/fachwissen/planungsgrundlagen/klassische-elektroinstallation-und-installationsbus-152950

Bundesministerium des Innern, für Bau und Heimat. (22. 05 2019). *Objekt- und Leistungswerte für öffentliche Gebäude: Auswertung auf der Grundlage einer budesweiten Abfrage.* Abgerufen am 06 2020 von https://www.amev-online.de/AMEVInhalt/Planen/Elektrotechnik/EltAnlagen%202015/eltanl2015_3.Erg_Objekt_Leistungswerte.pdf

Der Bauprofessor. (kein Datum). *Kostenschätzung nach DIN 276.* Abgerufen am 06 2020 von https://www.bauprofessor.de/kostenschaetzung-nach-din-276/

Deutsches Institut für Normung e. V. (2018). *DIN 276: Kosten im Bauwesen.*

Elektrohandel Wandelt GmbH. (kein Datum). *Was kostet eine Elektroinstallation im Neubau?* Abgerufen am 06 2020 von https://www.elektro-wandelt.de/ratgeber/kosten-elektroinstallation-neubau/

g+h: Gebäude und Handwerk . (13. 06 2018). *Der Einsatz von Augmented Reality in Gebäuden.* Von https://www.guh-elektro.de/der-einsatz-von-augmented-reality-in-gebaeuden-38152 abgerufen

Geissler, S., M., G., Keiler, S., Neumann, G., Oelinger, A., Bernhold, T., . . . Sammer, K. (2010). *Lebenszyluskosten Pronosemodell: Immobilien-Datenbank-Analysen zur Ableitung lebenszyklus-orientierter Investitionsentscheidungen.* Wien: Bundesministerium für Verkehr, Innovation und Technologie.

Gesellschaft für Regelungstechnik und Energieeinsparung mbH. (kein Datum). *Gebäudeautomation.* Abgerufen am 06 2020 von https://www.gfr.de/produkte/gebaeudeautomation/

Hausjournal. (kein Datum). *Wo liegen die Kosten für eine komplette Elektroinstallation?* Abgerufen am 06 2020 von https://www.hausjournal.net/elektroinstallation-kosten

Hochschule Biberach (HBC). (11 2011). *Kurzzusammenfassung der Studie: „Energieeffizienz durch Gebäudeautomation mit Bezug zur DIN V 18599 und DIN EN 15232".* Von https://www.zvei.org/fileadmin/user_upload/Verband/Fachverbaende/Elektroinstallationssysteme/Studie_Energieeffizienz_durch_Gebaeudeautomation/Kurzfassung-ZVEI-Studie-Energieeffizienz-durch-Gebaeudeautomation.pdf abgerufen

Kasikci, I. (2013). *Elektrotechnik für Architekten, Bauingenieure und Gebäudetechniker - Grundlagen und Anwendung in der Gebäudeplanung.* Weinheim: Springer Vieweg.

Kieback & Peter. (kein Datum). *Was ist Gebäudeautomation?* Abgerufen am 06 2020 von https://www.kieback-peter.com/de/was-ist-gebaeudeautomation/

Merz, H., Hansemann, T., & Hübner, C. (2016). *Gebäudeautomation.* Mannheim: Carl Hanser Verlag München.

Verein Deutscher Ingenieure. (08 2008). *VDI 3807 Blatt 4: Energie- und Wasservebrauchswerte für Gebäude - Teilkennwerte elektrische Energie.*

Verein Deutscher Ingenieure. (2019). *VDI 3814 Blatt 1: Gebäudeautomation (GA) Grundlagen.*
Wisser, K. (2018). *Gebäudeautomation in Wohngebäuden (Smart Home): Eine Analyse der Akzeptanz.* Frankfurt am Main: Springer Vieweg.
Zeit Online. (kein Datum). *Energiewende - aber richtig.* Abgerufen am 06 2020 von https://www.zeit.de/angebote/zukunftswerkstatt/erdgas/klimaschutzziele/index/seite-2

BEI GRIN MACHT SICH IHR WISSEN BEZAHLT

- Wir veröffentlichen Ihre Hausarbeit,
  Bachelor- und Masterarbeit

- Ihr eigenes eBook und Buch -
  weltweit in allen wichtigen Shops

- Verdienen Sie an jedem Verkauf

Jetzt bei www.GRIN.com hochladen
und kostenlos publizieren